Apple Of The Sun

太阳的苹果

—"引力常数G"不为常数的推证

--The Argument For The Universal Gravitational 'Constant' Not Being Constant

冯振志 冯辰 著

Zhenzhi Feng & Chen Feng

美商EHGBooks微出版公司
www.EHGBooks.com

EHG Books 公司出版
Amazon.com 总经销
2018 年版权美国登记
未经授权不许翻印全文或部分
及翻译为其他语言或文字
2018 年 EHGBooks 第一版

ISBN-13：978-1-62503-444-1

谨以此书

纪念为引力研究作出卓越贡献的牛顿大师
和爱因斯坦大师！
向为引力研究作出各种成绩的科技工作者们
致以崇高的敬礼！

内 容 简 介

在天文观测中，有不少"引力异常现象"，是既有的引力理论所无法解释的。因此，研究各种空间粒子的运动对形成力的影响，也许有举足轻重的意义。

本人从客观实际出发，根据恒星的粒子辐射，推导出了恒星的三个斥力公式，并且撰写了恒星斥力的文章。

力的存在一定会有施力者。我反复揣摩：靠质量本身就能形成引力，这从能量守恒定律的角度看，是说不通的。进一步的推论是，引力的施力者应该存在于质量之外。我认为，相邻的两个物体之间，能出现"引力"，根据引力表现出的各种特征，比较像是宇宙空间环境中漫射的神秘莫测的强透射粒子捣鬼的结果。目前，我们虽然全面探测它们有困难，但也不能轻率地否认它们的存在和作用。

中微子是强透射粒子的典型代表，尤其是ν_τ。ν_τ是隐形高手，身怀绝技，最有可能是引力的肇事者。宇宙中中微子的通量，目前我们无法确知。在没有找到更有说服力的引力理论之前，要认可宇宙大爆炸理论是完全正确的，也为时尚早。

2013 年 3 月，我对强透射粒子作用于两物体之间，建立分析模型，从构造方面重新推导了引力公式，当得到 $F \propto M_1 M_2 / R^2$ 这一形式后，并没有见到 G，而是在 G 的宝座上尊坐着七个因子。这一新的引力公式，对引力理论中长期保留的某些悬案，可能给出了有价值的回答。

由于恒星存在斥力，致使恒星与其外围天体之间的"引力与斥力之和"，与行星与其外围天体之间的"引力与斥力之和"，其构成要素是不一样的。也就是说，地球对于地球上每个"苹果"的合力，与太阳对于太阳的每个"苹果"（八大行星及小行星们）的合力，其力的构成要素（包括万有引力、辐射斥力、旋转离心力和地面支撑力）是不一样的。这也是本书书名《太阳的苹果》的由来。

本书的内容，从一个侧面证明了，我们过去公认的牛顿引力公式中的"常数 G 值"项，应该不是一个常数。这一核心内涵，作者通过本书提出来。

特结此书，呈献给广大的科学工作者，以方便共同探讨神秘莫测的引力问题。

前　言

引力理论是天体力学、地球物理、宇宙学和宇航学等学科的基础理论。但是，怎样找到终极的更适用的引力理论，是物理学界一个还没有攻克的难题。

自牛顿 1687 年推出第一个引力理论，330 多年来，尽管宇宙观测、航天航空等领域取得了举世瞩目的巨大成就，但现有的引力理论在许多基础方面，还遗留不少疑难问题。罗恩泽先生在《真空动力学》中写道："关于引力产生的原因是什么？引力场的能量恒为负值如何理解？万有引力是否只有吸引没有排斥？世界上是否只有正引力荷，没有反引力荷？是否存在引力波和引力子等等，都是引力理论中长期保留的悬案。"

在遗留问题中，最大的疑难是：银河系等漩涡星系的旋转曲线以及椭圆星系的旋转曲线，与既有引力理论的描述结果不相吻合。

为了拟合既有引力理论和星系的旋转曲线，科学工作者不得不寻找所谓的大量缺失的"暗物质"。经过科学工作者们用各种方法进行多年的探测，找寻"暗物质"的努力应该是令人失望的。为此，又有不少学者根据探测的数据提出，在漩涡星系的外围期望寻找到的如此大质量的"一圈暗物质"，可能根本就不存在。

因此，以色列物理学家摩德埃·米尔格鲁姆等人提出了一项修正牛顿定律（MOND）：在特定的加速度下，牛顿的引力发生了改变，使得力的下降不再符合平方反比律，而是开始下降得不那么明显了，符合简单的反比关系。此方案不需要新的暗物质就可以解释旋转的星系。但是，这一观点，有一个致命的缺点，它没有理论基础。

这使不少在理论前沿努力探索的学者们陷入了越来越不解的泥潭：现有的引力理论真的是完全正确的吗？我们需要从理论上探索出一个更好用的"引力理论"。可是经过许多科学家多年的努力，对新理论的探索，迟迟没有取得令人兴奋的成果！

学界对引力的困惑，通过各种声音，冲击着我的大脑。我搞了约三十年的影视科普，引力的团团迷雾，经常在我的脑海中萦绕。

力是能量的一种形式。力的存在，遵循能量守恒定律。可是，引力就摆在那儿，分分秒秒都存在，我们亲身感觉到了，仪器也探测到了。高空作业的工人不慎失足坠落，带来生命危险的案例比比皆是。如果有人对高空作业的工人说："引力不是力。"这个工人是绝不会相信的。力的存在一定会有施力者。引力的施力者，极有可能存在于物体的质量之外，而非质量本身。因为靠质量本身就能形成引力，这从能量守恒定律的角度来看，是说不通的。

经过长期的冥思苦想，我似乎知道了引力的本源：根据引力表现出的各种特征，非常像是宇宙空间环境中漫射的神秘莫测的**强透射粒子**捣鬼的结果。引力的形成机制，就像一个动态的立体模型，在我的脑海中不时地出现，影像越来越清晰。这是一种奇怪的觉知。

能形成引力的**强透射粒子**是只有一种，还是有一群，目前还无法确知。我们已经知道，有三种中微子以及它们的反中微子是存在的。至于宇宙中以中微子为首的**强透射粒子**漫射有没有足够的通量，我们目前还无法用仪器检测并给出一个令人兴喜的值。但是，我们也不宜用简单的推论就轻率地否认它们的存在和作用。

已知的中微子中，有利于形成引力的最值得怀疑的对象是 v_τ. 因为如果 v_τ 与物质发生相互作用，其产物应该是 τ 轻子。而 τ 轻子与电子一样带电荷，但它的质量很重，比质子还要重 1.7 倍！而入射的 v_τ 的能量又不可能太高，不能达到足以产生如此大质量的 τ 轻子。这种能量势垒难以逾越。因此，在我们的实验中几乎检测不到 v_τ. 据此可以推测：在宇宙中因时间久远，可能积累了大量的 v_τ.

我们推测暗物质大量存在，可能其中占比不低的是 v_τ 及其它的中微子。毕竟，宇宙中中微子的数密度到底是多少的问题，我认为，这是一个有待探索和探测的难题。中微子是费米子，与其它物质的交互反应极差，易于逃逸和留存；光子是玻色子，很容易被其它物质作为能量吸收。从中微子和光子不同的生存模式中，可推测它们在宇宙中的生存几率应该是不一样的。因此，宇宙中中微子的数密度（包括 v_τ）远远大于光子的数密度，是有可能的。

经过分析和筛选，引力的施力者，我认为，应唯一地指向宇宙中的**强透射粒子**漫射。

这种想法在我的脑海中大约翻腾的两三年。终于，我有了静下心来重新推演引力公式的机会。那是2013年2月中旬，我的夫人去美国，看望日思夜想的女儿，我终于有了大块的时间。我排除杂事的干扰，展开纸笔，注意力高度集中在脑仁中的"引力形成"的动态模型上，再一步一步地推导我心中似乎明白的引力公式的不清晰部分。

到3月19日，我推导出了万有引力公式的新结构。其中，主体部分的 $F \propto M_1 M_2 / R^2$ 傲然耸立。但是没有 G，而是在 G 的宝座上尊坐着七位大臣：上三下四，整齐儒雅。就是它！我立刻明白我得到了什么！此后的四个月，我把推导新引力公式的思路，写成了一篇论文《新引力公式的结构》。

对《新引力公式的结构》进行分析，应该有能力回答以下问题：

（一）引力产生的原因，是由宇宙空间的**强透射粒子**漫射，作用于两物体之间形成的。

（二）引力作用不是超距作用力，但也不是光速。**强透射粒子**漫射在某一方向上的加权平均速度，才是引力作用的传播速度。

（三）引力场的能量恒为负值，是**强透射粒子**漫射场贡献了能量。

（四）万有引力当然只有吸引而没有排斥。引力作用，不存在反引力荷。

2014 年，我又推导得到了恒星的三个斥力公式，并且写成了论恒星斥力的三篇文章。

这三个斥力公式表明，由于恒星存在三个方面的斥力，致使恒星与其外围天体之间的"引力与斥力之和"，与行星与其外围天体之间的"引力与斥力之和"，其构成要素是不一样的。如果借鉴牛顿大师从苹果下落悟到引力的话题来说，地球对于地球上每个"苹果"的合力，与太阳对于太阳的每个"苹果"（八大行星和小行星们）的合力，其力的构成要素（包括万有引力、辐射斥力、旋转离心力、地面支撑力等）是不一样的。这就从一个侧面证明了，牛顿引力公式中的"常数 G 值"项，应该不是一个常数。这是本人的新观点，有别于既有引力理论。这也是本书的重要看点，故得书名《太阳的苹果》。

本人在引力理论方面有此研究，对四个方面的人和事深表感谢：

第一，感恩中国三十多年来的改革开放政策。是中国这样的政策环境，给了我上大学学习科学技术的机会，也使我有了长期从事科普工作的机会；并且为我提供了深入探索引力问题的很多条件。

第二，感恩释迦牟尼佛。本人从小受父母亲的影响，一直对佛教心存敬意。在三十岁前后，有幸拜读了部分佛教经书，悟性初开。此后，我对人生、对人世、对物质世界有了新的理解和认识。引力方面的新研究，与我对客观物质世界的精微觉知有关。

第三，感恩我的父亲冯礼松、母亲邓改秀对我的养育以及祖上对我的良好影响。感恩在我学习和成长过程中的各位老师对我的教诲。也感恩在我撰写这些论文、论文发表、著作宣传推介过程中的各位好友的热心帮助和支持。

第四，感谢我的妻子赵慧利和女儿冯辰。我用了六七年专心从事这一研究工作，不仅搭进去了大量的时间和精力，没有陪伴她们过正常温馨的家庭生活，而且长期一味地往里搭钱做实验而没有经济收入。尽

管如此，她们没有半点怨言，一直全力以赴地支持
我、帮助我。

冯振志

2017 年 12 月 28 日于北京

管如此，她们没有半点怨言，一直全力以赴地支持
我、帮助我。

目　录

冯振志　冯辰

冯振志　冯辰

恒星的斥力

冯振志 冯辰

摘要：太阳（恒星）的光辐射、中微子辐射、宇宙线辐射，对其外围的天体或物质都会产生辐射压。本人曾对恒星的粒子辐射建立分析模型，推导出了恒星的三个方面的斥力公式。这三个方面的斥力公式对恒星的光斥力、中微子斥力、宇宙线斥力进行了比较精确、合理的描述。本文特公布这三个方面的斥力公式。

关键词：恒星，辐射压，光斥力，中微子斥力，宇宙线斥力。

一、光辐射物体会产生光压

彗星从太阳身边飞过，会展示它那美丽的彗尾。早在十七世纪初，J.开普勒有先见之明地指出，是太阳的光辐射压，才使彗尾得以形成并背着太阳【注1】。彗星在离太阳约 2 个天文单位时，开始出现彗尾。彗尾受阳光辐射压的推斥作用，向与太阳相反的方向延伸，并反射阳光而发亮。离太阳越近，彗尾越长、越亮。过近日点后又随着远离太阳，逐渐减小直到消失。【注2】

当大量光子长时间照射到物体表面时，对表面会施加一个稳定的压力，这就是**光压**。J.C.麦克斯韦根据经典电磁理论解释了光压现象，并算出了光压的值。当平行光垂直照射物体时，单位面积所受光压为 $p = I_l(1+\beta)/c$，式中 I_l 表示垂直入射单位面积的光能量，β 为物体表面的光能反射率，c 为真空中的光速。【注3】

1901 年，俄国物理学家 P.N.列别捷夫用实验证明了光压的存在【注4】。同时，美国物理学家尼科尔斯和哈尔也分别用精密实验测定了光压。太阳光压的值虽然很小，但对环绕地球的人造地球卫星来说，时间长了会使它逐渐偏离轨道。因此，无论是天体，还是人造航天设施，光压的作用都是不应忽略的。

二、恒星的中微子辐射，也会对其外围天体产生辐射压

恒星有中微子(neutrino)辐射，这已得到证实。恒星中微子的辐射能量，对周围的行星、卫星等天体或物质，应会形成辐射压。

中微子很特别，它有极轻微的质量，并以接近光速在行星际空间或宇宙空间肆意穿行【注5】。

太阳中微子的数密度比较大。比如太阳中微子抵达地球表面，每秒钟约为 650 亿个 / cm²。每秒钟有近 1000 万亿个来自太阳的中微子穿过每个人的身体，而我们却毫无知觉。在地面下的检测，每个太阳中微子的能量不超过 2×10^7 eV。

中微子透射地球等天体，动量和能量有所减损，这一点可从检测到的"大气中微子异常"现象中得到印证。"大气中微子"是宇宙线入射地球大气时反应产生的。日本学者检测到，来自装置正上方的 ν_μ 数量与理论值一致，但其正下方，也就是来自地球相反一侧，通过贯穿地球而来的 ν_μ 数量，只有理论预测值的一半【注6】。检测数量减少的原因，不论是 ν_μ 变异为

其它类型的中微子，还是被散射、吸收，总之，它的动量和能量是减少了。

因此，太阳中微子在透射它周围的行星、卫星等天体的过程中，能量有所减损，一定会转移动量和能量到所透射的星球或物质。

三、恒星的宇宙线辐射，对其外围的天体或物质同样会产生辐射压

太阳风的主要成分是太阳宇宙线。事实上，所有的像太阳一样处于发光发热期的恒星，几乎都会向外辐射能量比较高的宇宙线。

宇宙线粒子(projectile cosmic)，是宇宙空间的带电高能粒子。

我们在地球上探测到的部分能量不是很高的宇宙线起源于太阳。特征是这部分宇宙线的强度具有与太阳剧烈活动相同步的时变。太阳宇宙线的能量主要集中在10^7-10^{10} eV 能区。实验已观察到与日冕物质抛射及太阳风相伴随的激波加速太阳粒子的现象。【注 7】

宇宙线大都是带电粒子，与物质的作用很强。因而透射性很差。初级宇宙线先以高速直接撞击星球表

层物质，部分动量和能量被表层物质吸收。此后，次级宇宙线中的电子、光子、μ子、核子及中微子等，依然携带着剩余的动量和能量，继续与其它物质发生相互作用，转移动量与能量。几十米地下只剩下μ子和中微子。

由于太阳宇宙线的透射性很差，对于直径在 5000 米以上的天体，宇宙线的动量和能量被星体吸收之后，最终基本上只有中微子等极少部分透射性强的粒子透射星体，带走少部分动量和能量【注8】。

四、为方便公式表述而设置条件

恒星是一个相对稳定的中微子辐射源、其光辐射、宇宙线辐射也比较稳定。它会转移动量和能量到周围的天体，并形成持久而比较稳定的辐射压。

（一）恒星通常个儿大，这里将某恒星命名为 b 球（the big object），将另一个受辐射的天体命名为 h 球（heavenly body）。设 b 球、h 球为正球体，两球质心位于其正中心，两球质心之间的距离为 R。设 b 球的半径为 r_b，b 球的截面积 $S_b = \pi r_b^2$；设 h 球的半径为 r_h，h 球的截面积 $S_h = \pi r_h^2$。

光、中微子、宇宙线辐射的动量和能量，在相对论力学中有明确的对应关系，并且遵循动量守恒和能量守恒定律。

（二）把 b 球视为理想的光辐射源，其球面上各处的辐射强度均匀相等。设 $I_{b.l}$ 表示 b 球单位时间垂直出射其表面单位面积的光能（焦·米$^{-2}$）。光速为 c。

b 球在单位时间出射的光能总量 $E_{b.l}$ 为：

$$E_{b.l} = I_{b.l} \cdot 4\pi r_b^2 = I_{b.l} \cdot 4S_b \tag{1}$$

（三）把 b 球视为理想的中微子辐射源，其球面上各处的中微子辐射强度均匀相等。

设 $I_{b.n}$ 表示 b 球单位时间垂直出射其表面单位面积的中微子的相对论性能量（焦·米$^{-2}$）。b 球球面的中微子辐射，其速度为 $v_{b.n}$。

b 球在单位时间出射的中微子总能量 $E_{b.n}$ 为：

$$E_{b.n} = I_{b.n} \cdot 4\pi r_b^2 = I_{b.n} \cdot 4S_b \tag{2}$$

（四）先把 b 球看做理想的宇宙线源。各处的宇宙线强度均匀相等。通常情况下，恒星赤道附近的宇宙线辐射要强于其它区域。而赤道附近正好是对外围的绕转天体产生辐射压的地区。这一点可通过对 b 球赤道区域自转数十圈的宇宙线平均强度综合计算获得。

设 $I_{b.p}$ 表示 b 球单位时间垂直出射其表面单位面积的宇宙线的相对论性能量（加权平均值）（焦·米$^{-2}$），$v_{b.p}$ 为 b 球垂直出射其表面的宇宙线的加权平均速度（米·秒$^{-1}$）。

b 球在单位时间出射的宇宙线总能量 $E_{b.p}$ 应为：

$$E_{b.p} = I_{b.p} \cdot 4\pi r_b^2 = I_{b.p} \cdot 4S_b \qquad (3)$$

五、粒子辐射动量和能量的保有率和有效率

（一）设 b 球的光辐射经过距离 R 辐射后，对光能可能有所减损，抵达 h 球时，光能的保有率为 $k_{h.l}$。

（二）设 b 球辐射的中微子经过距离 R 时，抵达 h 球所在区域的综合动量强度在原来理论值的基础上可能有所减损，设中微子辐射能的保有率为 $k_{h.n}$。

由于中微子的强透射性，从 h 球一侧入射的中微子的动量分量，把一部分动量转移给了 h 球之后，还会有大量中微子透射 h 球，从另一侧出射带走动量。

这一过程，可用中微子辐射 h 球动量转移的有效率（符号 $\eta_{h.n}$）进行计算。

（三）设 b 球辐射的宇宙线，由于星际气体、尘埃和行星际磁场、作逆向扩散的带电粒子等因素的综合影响，宇宙线的主体部分经距离 R 抵达 h 球时，"宇宙线作用综合动量"的强度在原来静态理论值的基础上应有所减损。这一点，可通过保有率 $k_{h.p}$ 进行计算。

宇宙线作用于 h 球形成**综合动量**后，从一侧入射把大部分动量转移给了 h 球，但是，会有次级宇宙线中的中微子等粒子把少部分动量从 h 球的另一侧出射带走。这一过程，可用宇宙线对 h 球动量转移的有效率（符号 $\eta_{h.p}$）进行折算。

六、**恒星自转快于行星公转，使 h 球受到的**辐射动量**沿 R 方向略偏向恒星自转方向**

（一）众所周知，恒星都是有自转的。太阳接近 25.5 天自转一周，太阳的自转算是很慢了。大多数恒星都比太阳旋转得快。有的按地球时间 2-3 天就自转一周。而绕恒星旋转的行星的公转周期往往是相对较慢的。比如，太阳系八大行星的公转周期由内往外依次是：水星88天，金星224天，地球365天，火星687天，木星11.8年，土星29.4年，天王星84年，海王星164.8年。可见，越是远离太阳的行星，公转周期会越长。

（二）太阳光辐射应与太阳是一个整体。太阳的自转，会给刚出射的光辐射附加与太阳表面旋转线速度相一致的切向速度。当然，这种切向速度相对于外围的行星会起一定作用：即太阳的自转速度，要减去外围某行星的公转速度。

我姑且把恒星的快速自转相对行星的慢速公转，通过粒子辐射传递的略偏向恒星自转方向的径向动量，简称为"**恒星自转相对行星公转产生的粒子辐射动量**"，方向应为恒星行星的质心连线方向略偏恒星自转方向。

（三）b 球光辐射对 h 球形成的综合动量应在 h 球的质心。h 球绕 b 球旋转应有一个"轨道面"。h 球通常在轨道面上下轻微波动，但其平均值应是轨道面。

在恒星系的真实运行中，因 h 球获得了因**恒星自转相对行星公转产生的**光辐射**动量**，这个"光辐射动量"的矢向应该在与 R 大体接近的方向，且略微偏向恒星自转方向。设这个"光辐射动量"的矢向在轨道面上的投影，与 R 在轨道面上的投影之间的夹角为 $\angle L$.

（四）b 球中微子对 h 球形成的综合动量应在 h 球的质心。h 球绕 b 球旋转应有一个"轨道面"。h 球通常在轨道面上下轻微波动，但其平均值应是轨道面。

h 球获得的因**恒星自转相对行星公转产生的**中微子**辐射大体沿 R 方向且略偏向自转方向的径向动量**，这个"中微子辐射动量"的矢向大体沿 R 方向，但略偏向恒星自转方向。设这个"中微子辐射动量"的矢向在轨道面上的投影，与 R 在轨道面上的投影之间的夹角为 $\angle N$.

（五）太阳自转会带动行星际磁场及扇形结构一起旋转。这使太阳宇宙线有明显的方向性。这些带电质点在太阳耀斑的闪耀阶段被加速，脱离太阳并通过行星际磁场向外扩散。太阳风高速向外流动，当它与星际气体相遇时，就可能减速并最终停止【注 9】

星际还有一部分从太阳系外围往太阳方向作逆向运动的宇宙线，如果它们的能量不是太高，它们也会受到行星际螺旋磁力线的调制，沿磁力线方向指向太阳，形成与太阳风作逆向扩散的输运过程。见图 1。

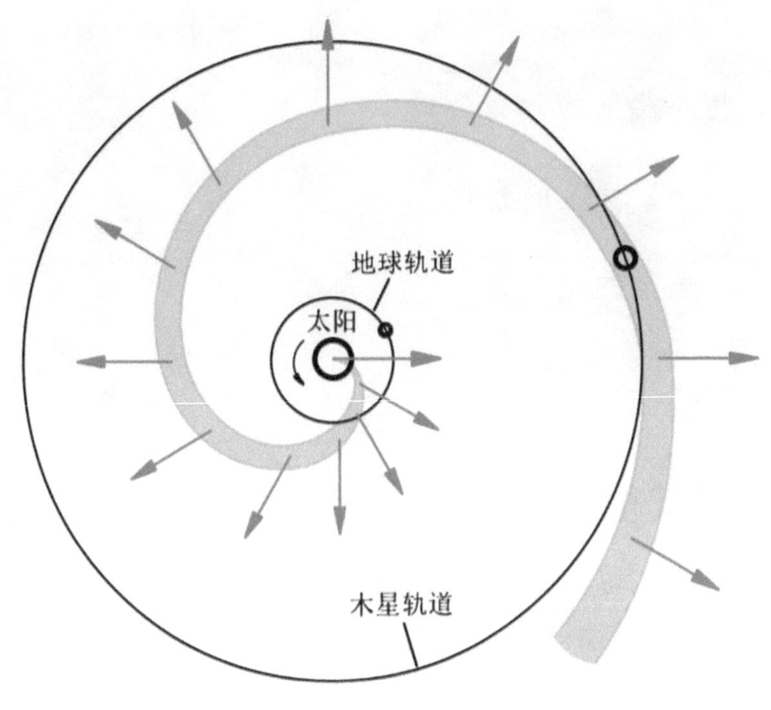

图 1

　　那么，作逆向扩散的带电粒子对绕恒星公转的行星等天体的矢量，与**恒星自转相对行星公转对行星等天体产生的宇宙线相对动量，两者**的合成矢量，可以简称为"**宇宙线作用综合动量**"。其方向应与两星球质心之间的连线大体平行，且略偏向恒星自转方向。

　　由于"宇宙线作用综合动量"，其矢量沿两星球质心的连线方向偏恒星自转方向。设 h 球受到的"宇宙线作用综合动量"的矢向在轨道面上的投影，与 R 在轨道面上的投影之间的夹角为 $\angle P$。

七、恒星辐射的斥力公式

（一）恒星的光斥力

设恒星的光斥力为 $F_{J.l}$，那么，

$$F_{J.l} = (\frac{I_{b.l} \cdot k_{h.l} \cdot \cos L}{c \cdot \pi \cdot \Delta t}) \frac{S_b \cdot S_h}{R^2} \qquad (4)$$

将（1）式代入（4）式，可得：

$$F_{J.l} = (\frac{k_{h.l} \cdot \cos L}{4\pi \cdot c \cdot \Delta t}) \frac{E_{b.l} \cdot S_h}{R^2} \qquad (5)$$

（4）、（5）式等价。在理论探讨时，通常可用
（4）式。为表达公式简洁，可设光斥力系数为：

$$J_{b.l} = \frac{I_{b.l} \cdot k_{h.l} \cdot \cos L}{c \cdot \pi \cdot \Delta t} \qquad (6)$$

则光斥力 $F_{J.l}$ 可用简化式表述为：

$$F_{J.l} = J_{b.l} \frac{S_b \cdot S_h}{R^2} \qquad (7)$$

[说明：由于辐射压（radiation pressure）、排斥力
（repulsive force）的首字母都是"r"，且"R"、
"r"在公式推导中都已经按习惯使用。这里借用"轻

推"（jog）的首字母"J"作为斥力系数的符号。公式中 $J_{b.l}$ 则代表 b 球的光斥力系数。]

（4）、（5）、（7）式就是最终完成的恒星光辐射对外围的行星、卫星等天体形成光斥力的公式。

（5）式，可用语言来描述：**活动期的恒星表面，存在着的相对稳定的光辐射，对其外围的行星、卫星、其它恒星等天体或物质，会形成光压或光斥力。其光斥力的大小，与该恒星的光辐射总能量和外围天体截面积的乘积**（$E_{b.l} \cdot S_h$）**成正比，与恒星的质心到外围天体的质心之间的距离的平方**（R^2）**成反比。**

（二）恒星的中微子斥力

设恒星的中微子斥力为 $F_{J.n}$.那么，

$$F_{J.n} = (\frac{I_{b.n} \cdot v_{b.n} \cdot k_{h.n} \cdot \eta_{h.n} \cdot \cos N}{c^2 \cdot \pi \cdot \Delta t}) \frac{S_b \cdot S_h}{R^2} \qquad (8)$$

将（2）式代入（8）式，还可得

$$F_{J.n} = (\frac{v_{b.n} \cdot k_{h.n} \cdot \eta_{h.n} \cdot \cos N}{4\pi \cdot c^2 \cdot \Delta t}) \frac{E_{b.n} \cdot S_h}{R^2} \qquad (9)$$

在理论研究中，通常可使用（8）式。设：

$$J_{b.n} = \frac{I_{b.n} \cdot v_{b.n} \cdot k_{h.n} \cdot \eta_{h.n} \cdot \cos N}{c^2 \cdot \pi \cdot \Delta t} \qquad (10)$$

那么（8）式可简写为：

$$F_{J.n} = J_{b.n} \frac{S_b \cdot S_h}{R^2} \tag{11}$$

（8）、（9）、（11）式等价，它们就是最终完成的恒星作为中微子辐射源对外围的行星等天体或物质形成辐射斥力的公式。

（9）式，也可用语言来描述：**活动期的恒星表面，存在着比较稳定的中微子辐射，对其外围的行星、卫星、其它恒星等天体或物质，会形成辐射压或辐射斥力。其辐射斥力的大小，与该恒星中微子辐射的总能量和外围天体的质量的乘积（$E_{b.n} \cdot M_h$）成正比，与该恒星质心到外围天体（物质）的质心之间的距离的平方（R^2）成反比。**

（三）恒星的宇宙线斥力

设恒星的宇宙线斥力为 $F_{J.p}$，那么

$$F_{J.p} = \left(\frac{I_{b.p} \cdot v_{b.p} \cdot k_{h.p} \cdot \eta_{h.p} \cdot \cos P}{c^2 \cdot \pi \cdot \Delta t} \right) \frac{S_b \cdot S_h}{R^2} \tag{12}$$

将（3）式代入（12）式，还可得

$$F_{J.p} = \left(\frac{v_{b.p} \cdot k_{h.p} \cdot \eta_{h.p} \cdot \cos P}{4\pi \cdot c^2 \cdot \Delta t} \right) \frac{E_{b.p} \cdot S_h}{R^2} \tag{13}$$

（12）式可用于理论研究，设斥力系数为 $J_{b.p}$，即

$$J_{b.p} = \frac{I_{b.p} \cdot v_{b.p} \cdot k_{h.p} \cdot \eta_{h.p} \cdot \cos P}{c^2 \cdot \pi \cdot \Delta t} \tag{14}$$

那么： $\quad F_{J.p} = J_{b.p} \dfrac{S_b \cdot S_h}{R^2} \tag{15}$

（12）、（13）、（15）式等价。它们就是恒星对其外围的行星等天体形成的宇宙线斥力公式。

（13）式，可用语言来描述：**活动期的恒星表面，存在着比较稳定的宇宙线辐射，对其外围的行星等天体或物质，会形成辐射压或辐射斥力。其辐射斥力的大小，与该恒星宇宙线辐射的总能量和外围天体的截面积的乘积（** $E_{b.p} \cdot S_h$ **）成正比，与两星球质心之间的距离的平方（** R^2 **）成反比。**

参考文献

【注1】《中国大百科全书·物理学（第二版）》P202《光压》篇。中国大百科全书出版社。

【注2】《天文学新概论》（第四版）苏宜编著。P125-126，"彗星"部分。科学出版社。

【注3】参见百度《光压》篇。

【注 4】《中国大百科全书·物理学（第二版）》P202《光压》篇。

【注 5】《中国大百科全书·物理学（第二版）》P539，《宇宙中的中微子源》篇。中国大百科全书出版社。

【注 6】《16 万光年之外的礼物》（日本）小柴昌俊/著。P148。科学出版社。

【注 7】《中国大百科全书·物理学（第二版）》P500-501《宇宙线》篇。中国大百科全书出版社。

【注 8】《中国大百科全书·物理学（第二版）》P500《宇宙线》篇。

【注 9】《中国大百科全书·天文学》P483《行星际物质》篇。

本篇文稿，起草于 2014 年 3 月。后经多次修改，于 2016 年 8 月完成。

引力肇事者调查

赵慧利　冯振志

摘要：万有引力可能是由宇宙空间的强透射粒子漫射造成的。中微子等强透射粒子在宇宙中的数密度高，携带能量巨大，可能是形成引力的核心怀疑对象。中微子有极高能、高能、中能、低能态之分。极高能（能量在10^{15} eV 以上）、高能态（能量在10^{11}-10^{15} eV）、中能（能量在10^{7}-10^{11} eV）中微子的透射性质得到了部分检测，但低能态（能量在10^{7} eV 以下）中微子的透射性质目前没有得到有效检测。

关键词：万有引力；强透射粒子漫射；中能、低能态中微子。

一、由宇宙大结构推测暗物质、暗能量大量存在

根据大量天文观测，目前，科学界推算的宇宙中物质和能量的构成大致为：暗能量约占 72.6%，普通物质只占 4.6%，暗物质占 22.8%。暗物质中包括 3.6% 的星际气体，余下的 19.2% 是暗物质的主体。宇宙中暗物质的质量远超过恒星和星系等可见物质的质量。有专家推测这些主体暗物质为冷暗的非重子物质，它们兼有质量大、寿命长、作用弱三种特性【注1】。

以上对宇宙中物质和能量的推算，是按照万有引力理论和广义相对论以及观察到的旋涡星系的旋转曲线大致推算出来的。由于现有的引力理论还不够完善，以此为依据来推算，可能存在比较大的偏差。本文引述上文，不作为引证。

本人提出新的观点，希望探讨引力的一些本质问题，如果能得到学界共识，也许对认识暗物质暗能量有所帮助。

二、宇宙空间的强透射粒子漫射，可能是万有引力的肇事者

（一）透射性强的中微子 物质所处空间环境的透射性强的粒子漫射，可能是万有引力的施力者。不管是已知还是未知的粒子。宇宙空间，已知的透射性强的粒子漫射，主要就数中微子了。

除了中微子之外，宇宙中已知的粒子漫射，还有微波背景辐射和宇宙线。微波背景辐射能量太低，其温度只有 2.725K(相当于 2.33×10^{-4} 电子伏)。而宇宙线是带电粒子，透射性差，宇航员穿一身太空服就能屏蔽它。经验告诉我们，几千米的地下，地球引力照样存在。因此，微波背景辐射和宇宙线，不是我们在地面上所感知的引力的贡献者。

事实上，引力是一种穿透性很强的力。因而能够形成引力的粒子漫射，也必然具有强透射性。中微子（neutrino）就具有强透射性。

（二）"弱相互作用重粒子"（WIMPs） 为了对星系旋转曲线等现象提供引力方面的合理解释，也有物理学家预言存在一种相互作用很弱、但质量较重的类似中微子的粒子，称为"弱相互作用重粒子"（WIMPs），如中性伴随子和轴子等。它们具有质量大、寿命长、作用弱三种特性。并且速度小于光速，故称为冷暗物质(CDM)。

　　由于 WIMPs 只有很小的概率与其它物质相互作用。这与探测低能态的中微子所遇到的困难十分相似。【注2】美国和欧洲的一些大型加速器都已制定了要探测这种粒子的计划。

　　如果 WIMPs 存在，它们也是强透射性的暗物质粒子。只要是**强透射性的粒子漫射**，我认为，它们都是形成引力的重要怀疑对象。

　　但是，地面实验室中，目前还没有探测到 WIMPs 等暗物质粒子的存在【注3】。

　　当然，还有一些专家猜测，暗物质的主体是重粒子以外的东西。

三、中微子等强透射性的粒子漫射，有利于万有引力的形成

　　中微子共分 ν_e、ν_μ、ν_τ 三种，每一种都有对应的反中微子。中微子不带电，具有极强的透射性，能够比较容易地穿越地球。宇宙空间充斥着数密度十分可观的中微子，只有极少数会与物质发生反应，因而中微子的探测非常困难，被称为"鬼粒子"。

1999 年，由国际上 17 家科研机构合作，在加拿大的萨德贝里中微子天文台，对太阳辐射中微子中的 ν_e、ν_μ、ν_τ 进行了综合探测。到 2002 年，他们发表了测量结果，探测到了太阳发出的全部三种中微子，其中 35% 是 ν_e。认为三种中微子的总流量与标准太阳模型的预言符合得很好，解释了先前观测到的"太阳中微子缺失问题"[注 4]。

虽然中微子静质量的确切数字还难以给出，但根据许多实验结果进行推测，已给出中微子静质量的下限为 $m_n = 1.8 \times 10^{-34}$ 克。[注 5]

宇宙中微子背景漫射（下文简称"中微子漫射"）是各向同性的。但是目前还没有办法直接探测到它。最近，结合 WMAP 对宇宙微波背景五年的观测、重子的声速振荡以及 Ia 型超新星的观测，天体物理学家给出了宇宙背景辐射所有种类中微子总质量的上限为 0.61eV(95% 置信度)。综合来看，中微子的质量还不到一个电子质量的万分之一。即中微子静质量的上限为 $m_n = 9 \times 10^{-32}$ 克。[注 6]

科学家对中微子的速度进行了多次测量，结果显示中微子的速度几乎接近光速。中微子有静止质量又以非常接近光速进行漫射，其意义十分重大。根据狭义相对论，大量的中微子携带了数目惊人的动量，在物质中以强透射性漫射，无所不及，是形成引力的重要怀疑对象。

我们知道，在空气、水、玻璃中，光的传播速度是各不相同的。中微子在不同密度、核子数目不同的物质中的透射率和传播速度，也应该有所不同。比如，在真空、空气中，在地球、太阳、中子星等不同的介质中，即使是同一种中微子，其透射率和传播速度理应各不相同。不同能级的中微子对某一种介质的透射率和传播速度也应不尽相同。[注 7] 当然，这些推测需要用实验去验证。

中微子是已知的数密度很大又充斥整个宇宙的暗物质粒子。这些神秘莫测的小粒子也许起着决定宇宙前途和命运的关键作用。只是我们对中微子的辐射特性，还认识得很不清晰。

四、不同能级的中微子，有着不同的辐射特性，对普通物质的透射性也各不一样。

不同能级的中微子有着不同的辐射特性。这跟不同能级的光子有不同的辐射特性类似。比如，γ 射线、X 射线，对普通物质的透射性比较强。而可见光对普通物质的透射性则很差。

（一）高能、中能态的中微子，对普通物质的透射性比较强，而转移产生的动量反而弱。

现在检测到的宇宙高能中微子和太阳中微子大都是 10^7 eV 或以上的量级。10^7-10^{12} eV 的中微子，经检测，它们对地球物质有比较好的透射性。中微子俘获的作用截面非常小，与中微子能量的平方成正比。如检测 10^7 eV 的中微子，量级为每核子 10^{-44} 厘米 ^{2}。而检测 10^9 eV 的 μ 中微子，作用概率可增加 100 万倍，约为每核子 10^{-38} 厘米 ^{2}【注 8】。

如果宇宙在很热的时期，中微子中的绝大多数同时处于高能、中能态，它们的透射性极强，速度很接近光速，对形成引力不是太有利。因而，把 10^7-10^{12} eV 的中能、高能态中微子称为热暗物质(HDM)，可能是合适的。

（二）极高能的中微子的透射性反而差。

对于能量达到 10^{15} eV 以上的极高能中微子，地球物质对它们的吸收作用十分明显而变得不透明，产生的 μ 子与中微子的方向非常接近。而 10^{17}–10^{20} eV 的极高能中微子，会与物质反应，无法穿透地球【注 9】。这跟极高能的 γ 射线的透射性强正好相反。

极高能中微子多为 ν_e、ν_μ。因此，目前得到检验的，基本上是极高能的中微子，以 ν_e、ν_μ 居多。但在现在的宇宙空间，极高能中微子占所有中微子的比例特别少。

五、宇宙空间大量存在的是 $10^7\,eV$ 以下能级的低能态的中微子。它们的性质不活跃，可能使中微子的数密度积累了远多于光子的数密度。

有专家根据宇宙创生理论，推测宇宙中的中微子数密度与光子数密度以近似 1:1 的比例存在，约为 100—500 个/cm^3。因为不易发生相互作用而残留至今，并且作用概率太小，至今无法探测。

我认为，宇宙中的中微子数密度可能远远多于光子。理由如下：

（一）宇宙演化过程中，恒星内部的热核反应将氢聚变成氦主要是质子—质子（PP）反应，其次是碳氮氧循环。PPI 和 PPⅢ 反应均是光子和中微子各产生一个，PPⅡ 反应才是产生两个光子和一个中微子，但 PPⅡ 产生的量很小。中微子与光子是以近似 1:1 的比例产生的【注 10】。恒星内部热核反应产生的光子要经

过漫长的时间才能有一部分到达恒星表面辐射出来，
而那些中微子则会轻而易举地辐射出恒星到周边空
间。起源于高能物理过程的 ν_e、ν_μ，会比较快地震荡
为 ν_τ。由此可以推测，单个恒星向宇宙空间辐射释放
的中微子数量可能比光子的数量多出很多倍。由于恒
星热核聚变的时间非常漫长，恒星数量极其庞大，它
们向宇宙空间贡献的中微子数量，应该远远多于光
子，非常可观。因此，以恒星内的热核反应为依据，
推测宇宙空间的中微子与光子数密度以近似 1:1 的比例
存在，理由并不充分。

（二）ν_τ 在物质中辐射、碰撞时，按常理推测，
其动量理应转移到物质的核子、电子。迄今为止，在
中微子探测实验中，没有检测到 ν_τ！这是因为，探测
器都是在探测中微子闯入之后与探测器中的物质发生
相互作用并产生带电粒子产物，以此来搜寻它们的踪
迹。如 ν_τ 与物质发生相互作用，其产物应该是 τ 轻子。
而 τ 轻子与电子一样带电荷，但它的质量很重，比质子
还要重 1.7 倍！而入射的 ν_τ 的能量又不是足够高，高到
足以产生如此大质量的 τ 轻子。这种能量势垒难以逾
越。因此，我们在实验中几乎检测不到 ν_τ [注 11]。据
此，我们可以推测：在宇宙中因时间久远，ν_τ 可能大
量积存。

（三）根据光电理论，物质的电子在低能态时，
会吸收光子而提升自己的能级。也就是说，随着宇宙

膨胀物质会越来越冷。光子是玻色子，容易被冷却的物质吸收，其数目可能会越来越少。而中微子是透射性极强的费米子，ν_τ 转变成 τ 轻子的能量势垒难以逾越，又不容易被物质吸收，出现减少的概率应大大低于光子。这两个特性形成反差，可能使宇宙空间各能级中微子的数密度，大大高于光子的数密度。

（四）中微子与光子数密度相仿，主要是依据宇宙大爆炸理论，推测中微子和光子的生成概率很接近，进而推测得出的结论。而宇宙大爆炸理论，主要是基于广义相对论而推测得到的宇宙形成的可能情形。但是，宇宙大爆炸理论可能不是一个完全正确的终极理论。由此推测得出的中微子与光子数密度相仿的结论，极可能不成立。

漫射中微子应是宇宙中数目最为庞大的一类粒子。但是，中微子的数密度是多少，都有哪些辐射特征，目前仍是有待探测的大课题。

六、对中微子能量的测量值，可能因为相变原因，与实际值有比较大的偏差

不同能级的中微子在不同的物质中应有不同的传播速度

光子在不同的介质中以不同的速度传播，这是观测到的事实。我猜测，中微子在不同的介质中，也许有不同的传播速度。比如，在真空和空气中，中微子与光速接近。但在类似地球、太阳、中子星、白矮星等星体物质中，中微子的传播速度理应受到不同程度的影响。

根据狭义相对论，中微子的膨胀因子 $\gamma_0 = 1/\sqrt{1 - v_0^2/c^2}$ 的值取决于速度。比如，有人研究宇宙线粒子，速度接近光速 c，两者相差不到 $5/10^{25}$，这些粒子的 γ 值高达 10^{12}【注 12】。通过对人工中微子源进行检测，发现中微子速度与光速十分接近，至今没有测出明显的差异。可以认为，来源于恒星或人工源的中微子，在真空或空气中的 γ_0 值应该可达 10^{12} 以上，在少数高能状况下可达到 10^{16} 以上。光子的能级虽有差别，但是速度却一样。不同种类的中微子，是跟光子类似拥有相同的速度呢，还是速度不一样？这需要研究。

有必要强调，我们引用的中微子能量数据，是通过检测器检测到的数据。而中微子检测器大都是深埋在地下的，中微子在空气中辐射，再进入地壳物质中穿行，因为相变，其传播速度理应会有所减弱。我们知道光波在水中或玻璃中，比在空气中的传播速度要低很多。如果中微子进入地层下的探测器，因为相变速度减慢，而中微子的能量 $E = m_0 \cdot c^2 / \sqrt{1 - v_0^2 / c^2}$ 是高度依赖其速度的。因而深埋地下的检测器检测到的中微子能量数据，可能会比中微子在空气或真空中实际传播时的能量值要小一些。至于具体小多少，是值得专家们深入研究的课题。

中微子的静质量，目前估计在万分之一到 500 万分之一电子质量。假设太阳中微子的静质量平均为 10^{-33} 克（约等于 2×10^{-3} eV，约合电子质量的 100 万分之一）。太阳中微子的 γ_0 值暂按 10^{12} 测算，那么，太阳中微子的动质量则为 $m_n \cdot \gamma_0 = 2 \times 10^9$ eV。这比地下的探测器检测到的太阳中微子的能量为 2×10^7 eV 高出约 100 倍。如此分析，适当考虑相变因素，是有一定合理性的。

地球表面受到的阳光辐射能量，比微波背景辐射的能量高约 100-120 倍。假设背景中微子漫射也按比太阳中微子到地面的能量低 100 倍来估算，那么，背景漫射中微子在真空或空气中的传播能量可能约为 2×10^7 eV。再考虑相变因素，背景漫射中微子在地球物质中可能以 2×10^5 eV 的能量传播。也就是说，背景漫射中微子在由真空或空气中进入地球物质后，因为能量势垒，它们无法变成 τ 轻子，因而我们的探测器检测不到。但是，尽管它们的能量偏低，但不妨碍它们与物质的核子、电子发生碰撞而转移动量，损失能量。

背景中微子漫射在透射物质的过程中，其动量（能量）的损耗，有相当大一部分应该转换成了被透射物体的动量，从而为两物体之间引力的形成，提供动量。

总之，以上很多想法，是在现有为数不多的关于**强透射粒子**漫射的探测数据基础上的一些推测。有一定的合理性，但不够完善。对新引力理论方面的探讨，需要全世界科学家的共同努力。我在这里起个抛砖引玉的作用。

参考文献：

【注 1】《天文学新概论》（第四版）苏宜编著。P393《21 世纪的第一朵乌云——暗物质》。科学出版社。

【注 2】《霍金的宇宙》P195《寻找 WIMPs》。海南出版社。

【注 3】《天文学新概论》（第四版）苏宜编著。P394《21 世纪的第一朵乌云——暗物质》。

【注 4】《天文学新概论》（第四版）苏宜编著。P283《中微子失踪悬案》。

【注 5】《天文学新概论》（第四版）苏宜编著。P392《21 世纪的第一朵乌云——暗物质》。

【注 6】《10000 个科学难题（物理学卷）》P207《宇宙中的中微子》。科学出版社。

【注 7】《中国大百科全书·物理学（第二版）》P539《中微子的相互作用及探测方法》。

【注 8】《中国大百科全书·物理学（第二版）》P539《中微子的相互作用及探测方法》，《宇宙中的中微子源》。

【注 9】《中国大百科全书·物理学（第二版）》P540《中微子俘获》。

【注 10】《天文学新概论》P281《9.1.4，质子-质子反应和碳-氮-氧循环》。科学出版社。

【注 11】《10000 个科学难题（物理学卷）》P784《超高能宇宙线中微子实验寻找振荡到 τ 型中微子的证据》曹臻撰稿。科学出版社。

【注 12】《物理天文学前沿》[英]F.霍伊尔，[印]纳里卡/著。何香涛等译。P332。湖南科学技术出版社。

　　本篇文稿，起草于 2014 年中。后经多次修改，于 2016 年 10 月完成。

万有引力的行为模式

冯振志　冯辰

摘要：宇宙中数密度极高的强透射性漫射粒子主要是中微子。本文分析了强透射漫射粒子携带高能量转移动量的可能性，阐明了物体的核子、电子正是接受动量转移的靶标。背景低能态的中微子漫射，可能存在有利于形成引力的某些特性。根据新推演的引力公式得知，引力相互作用既不是超距的，但也不是光速，而是作用于物体的某一方向的强透射粒子的加权平均速度。

关键词：强透射粒子漫射；中微子；粒子动量转移；动量截获，靶标。低能态中微子；数密度；最低动质量阈值；粘滞性。超距作用。

　　引力到底是超距作用还是以光速传播？这是引力理论中长期保留的悬案[注1]。

　　牛顿万有引力定律的使用范围很广，其正确性也得到了进一步检验。对于作用程在厘米、亚毫米范围内的引力定律检验，国际上出现了几个最好的实验结果，都没有令人信服的证据证明牛顿引力定律不成立【注2】。但是，万有引力定律遗留的问题一直没有得到解决。

　　自爱因斯坦开始，理论物理学家一直致力于将引力和宇宙的其他三种力统一起来，建立所谓的最终理论，比如超弦理论、M 理论。天文学家则为暗物质疑难而十分迷惑。但是，对"最终理论"的努力还没有取得令人兴奋的成果。

　　物体作加速运动，理应有施力者。地球引力能让失事飞机坠毁，难道它就不是一种"真正的力"？引力有力的所有属性，那引力的施力者又是谁呢？

　　物质所处空间环境中的透射性强的粒子漫射，极有可能是万有引力的施力者。数密度很高的中微子（neutrino）就具有强透射性。由于它们的相互作用很弱，在普通物质中能够轻易地穿行。因而本文着重探讨以中微子为代表的强透射粒子对引力形成的影响。

一、对中微子漫射会转移动量的探讨

（一）中微子漫射的动量转移

由于中微子漫射（尤其是ν_τ）很难被检测到，它的静质量、辐射速度、与核子、电子的碰撞特征及动量转移等情况，我们认识得很不清楚。因而，这里只能做一些尽可能合理的推测。

由于中微子漫射的核心主力可能是ν_τ.而ν_τ的辐射能量可能是中微子中最低的。但它有一个十分明显的优点，因为能量势垒，它们很难转变成τ轻子。这也是缺点，因为不转变成τ轻子，使我们几乎无法探测到它。而ν_τ与物质核子、电子之间的碰撞，多数情况下可能属于弹性碰撞。中微子漫射与核子、电子的弹性碰撞，应该遵循动量守恒定律。

中微子漫射的数量极其庞大，在宇宙范围内，可视为源源不断。这为引力场的恒定性提供了保证。

已经能被检测的ν_e、ν_μ，都以接近光速在辐射。借鉴各种波长的电磁波都具有光速这一点，我们有理由假设ν_τ漫射也接近光速。

（二）核子、电子是截获中微子动量的靶标

物体的质量是由核子、电子确定的。而核子、电子又正好是中微子的靶标。与阳光晒在我们的皮肤上让我们的神经感觉到它的温暖不同，中微子打在我们身体物质的每个核子、电子上，我们唯一的感受到的也许只有重力和惯性。

地球物质中氧和硅的含量最丰富，二者之和约占地球物质质量的 75%。其它的元素只占 25%。如果把 1 千克地球物质的原子核和电子单拎出来像摆积木拼图似的拼在一起，大约可拼贴一个 4 厘米² 的靶面。一个 75 千克重的人体物质，其原子核和电子可拼贴成大约 300 厘米² 的碰撞截面。

电子质量 $m_e=9.1×10^{-28}$ 克，中微子的静质量约为电子质量的万分之一到 500 万分之一，即中微子静质量 m_n 在 10^{-34} 到 $2×10^{-37}$ 千克之间。中微子漫射打在核子和电子上，大多数情况下会发生弹性散射，并转移动量到所碰撞的核子和电子。

环境中数量极其庞大的中微子，对已进入物质中的中微子有辐射压，它们总体上还是能比较容易地穿透这些物质。但是，中微子漫射核子、电子，发生散射是必然的，其动量、能量一定会有所减损，并转移动量、能量到所碰撞的物质。

二、背景中微子漫射，可能存在有利于形成引力的某些特性

（一）背景中微子从大物体中出射，可能遭遇最低动质量阈值这道槛

中微子是费米子，有静质量，这一点和光子很不一样。光子是玻色子，它的能量 $E=h\nu$，与频率相关。而频率在一定区间可有很大变化，所以光子的能量也在一定区间有很大变化。但中微子作为费米子，其静质量会受到结构的制约，不能有太大的变化，还要保持其本有的速度。ν_e、ν_μ 具有近似光速的速度，都是中微子，ν_τ 的速度应该不会相差太远吧？如果环境要求 ν_τ 变化太大，也许 ν_τ 就变成别的物质或能量了。

背景中微子在漫射物体利于引力形成而损失动量或能量之后，它要想再进入真空或空气中，可能会遭遇最低动质量阈值这道坎。比如，假设背景中微子在真空和空气中以 $10^7\,\mathrm{eV}$ 级别的能量传播，进入地球物质后（包括进入探测器后）因为相变原因以 $10^5\,\mathrm{eV}$ 的能量传播。（目前，我们用的中微子探测器好像只能探测 $10^6\,\mathrm{eV}$ 级别或更高能量的中微子。）漫射中微子透射物体后，要回到空气或真空中漫射，根据微观粒子的特

性，它应该保有因维持其结构而固有的质量和相对论性的最低速度。假设中微子回到空气或真空中的最低动质量阈值在 $10^6\,\mathrm{eV}$ 级别。那么，一部分背景中微子在透射物体损失能量之后，可能会因为低于最低动质量阈值而遭遇出射到空气或真空中有困难，只能暂时在物体中蜗居，等待其它的中微子或光子转移动量或能量才能攒够能量出射物质。

这种推测性分析如果成立，中微子穿过的物体质量越大，转移的动量越多，损失的能量越多，在物体中蜗居的可能性就越多。这就意味着物体对背景中微子漫射不是完全透明的。物体的质量越大，密度越高，对背景中微子漫射的透明度就越差。极端情况下，比如像中子星这样的极致密天体，对背景中微子漫射可能是完全不透明的。

而其它能级高的中微子则不一定是这样。比如，有专家用高能加速器产生 $10^9\,\mathrm{eV}$ 的中微子束（这是探测器检测的能量。在空气中飞行的中微子能量，因为相变原因，可能比这一数据要高），沿地球直径穿越地球，其能量衰减还不到百分之一，并且方向性保持比较好【注 3】。这可能说明，高能中微子在穿透地球时，能量虽有损失，但穿越之后的能量远在最小动质量阈值之上，因此，物体对它的透明度会很好。

部分中微子由于遭遇最小动质量阈值这道槛，只好蜗居在物体中等待机会，这使得物体中比在真空中的中微子有更高的丰度。这种情况下，会使其它中微子入射后与蜗居中微子碰撞的概率变大，这等于变相或者间接增加了物体的散射截面，这对引力的形成更为有利。

（二）中微子可能存在的微弱磁矩会增加与物质的粘滞性。

据俄《知识就是力量》月刊报道，美国斯坦福大学的科研人员对最近 24 年来科学家探测中微子所获数据进行分析后发现，从太阳飞向地球的中微子流具有某种周期性，每 28 天为一个循环，这几乎与太阳的自转周期相重合。美国学者认为，这种周期性是由于太阳不均等的磁场作用造成的。磁场强度的变化，使部分中微子流严重偏移。对此似可得出结论：中微子有着微弱的磁矩。

再有，物质的 β 衰变，是中子衰变为质子和电子，同时释放一个中微子的过程。可见，中微子的摇篮是带电粒子。仔细审视中微子参与的高能物理过程，它始终都与带电粒子打交道。中微子本身虽然呈电中性，但是，有微弱磁矩可能是它的重要特征之一。

中微子漫射进入物体后可能遭遇最低动质量阈值这道槛，如果再结合它可能存在微弱磁矩这一特性，那么在进入物体后，低能态的中微子，可能因感应质子、电子的电荷而产生更大的磁矩。中微子如果能量低到蜗居级别，就更容易与质子、中子的某些带电性的局部亲和，增强粘滞性，并有可能形成中微子聚合体（或可称为"**低能态中微子聚合体**"）。这对形成引力更为有利。

低能态中微子聚合体（绝大多数为 v_τ）的作用弱，寿命长。具有更多**冷暗物质**的特征，是形成引力最值得期待的暗物质粒子聚合体。

三、本人根据中微子等强透射性的粒子漫射，对相邻的两球体贡献的动量，推导了引力公式的新结构。

伟大的牛顿是从太阳系行星绕日运动的规律中推导出万有引力定律的。而行星绕日运动的规律，最早由开普勒所揭示。

有些专家意识到中微子对引力会有贡献，但是一涉及到目前的实测数据和引力估算，又觉得它对引力的贡献与观察值相比不足够大。我认为，问题主要在于：（1）中微子的静质量还没有被探测清楚。（2）

背景漫射中微子的数密度也只是一个预估值。（3）能级偏低的背景中微子与能级偏高的太阳中微子，它们对物体的透射特性、动量（能量）的转移特性有哪些不同，我们还没有研究清楚。

中微子是已知的具有静质量，并带有可观的漫射能量的宇宙鬼粒子，它几乎无处不在。已知的透射性强的粒子中，中微子最有可能是我们在地球上感知的引力的贡献者。研究引力作用，把中微子撇在一边不管不顾，似乎太看不起这些每秒钟有数万亿颗从我们的身体里匆匆穿过的鬼粒子了。当然，其它未知的暗物质粒子漫射，只要其强透射性与中微子类似或近似，它们都可能为引力的形成出一把力。

中微子漫射各向同性，对空间中的单个物体来说，各个方向上所获得的动量完全均等，矢量和为 0。但是，如果对相隔不太远距离的两个物体来说，由于物质的核子、电子对中微子等强透射漫射粒子形成散射作用，两物体单独存在时各个方向上本来矢量和为 0 的动量就会被打破，就会在两个物体上同时产生一个方向相向的推力，这就是所谓的"引力"。

本人认为引力是有源头的。在 2013 年 3 月，本人依据空间环境中各向同性的中微子等强透射性的粒子漫射，对相邻的两个球体 b、h 贡献的动量，推导了引力公式的新结构【注 4】：

$$F = \left(\frac{v_b \cdot v_h \cdot c^2}{I_0 \cdot v_0 \cdot \pi \cdot \Delta t}\right)\frac{M_b \cdot M_h}{R^2} \qquad (1)$$

（1）式中，M_b、M_h 为 b、h 球的质量，R 为两球体质心之间的距离。I_0 表示**强透射粒子**单位时间垂直入射单位面积的相对论性能量（焦·米$^{-2}$），v_0 是**强透射粒子**传播的加权平均速度。v_b、v_h 分别表示 b、h 球在**强透射粒子漫射**环境中获得的某一方向的速度因子，c 为光速，π 为圆周率。

设 $G_0 = \dfrac{v_b \cdot v_h \cdot c^2}{I_0 \cdot v_0 \cdot \pi \cdot \Delta t}$，（1）式即为 $F = G_0 M_b M_h / R^2$。比较牛顿引力公式 $F = G M_b M_h / R^2$，很明显，我推导的新引力公式与牛顿万有引力公式，在某些条件下有完美的对应形式。

四、新引力公式表明，引力与强透射粒子漫射及其携带的能量有着密不可分的关系。

牛顿引力定律的正确性，对于作用程在厘米、亚毫米范围内的牛顿反平方定律的检验，国际上出现了几个最好的实验结果，都没有令人信服的证据证明牛顿引力定律不成立。比如，1980 年，美国 California 大学物理学家 Newman 的实验小组设计的利用扭秤测量一个长圆筒内部的引力场，在实验误差范围内没有发现任何可探测的力。在亚毫米作用程范围，目前精度最高的是 Washington 大学 E-Wash 小组用精密扭秤实验给出的。2007 年，他们采用 21 重对称的扭秤，检验质量与吸引质量的最小间距达到 55μm，没有发现牛顿反平方定律的偏离【注 5】。

至于在太阳系尺度下反平方定律的检验，本人与牛顿引力理论有不同的看法。这个问题比较复杂，暂不在此讨论。

我推导的引力公式的新结构与牛顿引力公式，在某种程度上有一致性。我认为，国际上所有对牛顿反平方定律在厘米、亚毫米级别的检验，也是对本人推导的新引力公式的检验。这表明，在地面测试环境和类地面的太空环境中，新引力公式应与牛顿引力公式一样是值得信赖的。

宇宙空间的各向同性的**强透射性**的漫射粒子，都是相对论性的粒子，遵循动量守恒和能量守恒定律。它们通过漫射形成引力的效应，正是微观粒子动量（能量）影响宏观物体动量（能量）的桥梁。

在新引力公式看来，相隔不远的两物体，其质量本身并不天生具有相互吸引的特性。相邻两物体之间存在的"吸引力"，是一种观察现象。宇宙空间，大量存在着的各向同性的**强透射粒子**漫射，才是两物体之间产生引力的肇事者。从（1）式看出，如果能够减弱或者完全屏蔽宇宙空间各向同性的**强透射粒子**漫射的能量强度，那么，两物体之间原来观察到的所谓"万有引力"就会减弱甚至完全消失。

如果把新引力公式应用于地球引力场，与牛顿引力公式相比较，新公式用 $G_0 = \dfrac{v_b \cdot v_h \cdot c^2}{I_0 \cdot v_0 \cdot \pi \cdot \Delta t}$，描述了我们肉眼看不见的部分。这一部分正是环境中**强透射粒子漫射**所起的作用，它是牛顿引力公式不清楚的部分。牛顿引力公式把它简单地交给了"引力常数 G"。

五、分析新引力公式表明，万有引力不是超距作用力

牛顿万有引力公式的导出，得益于开普勒总结出的行星运动的三大定律：椭圆轨道定律、面积定律和周期定律。其中第二定律（面积定律）表明行星的绕日运动的动量矢矩守恒，这就意味着行星受到来自太阳的中心引力；而第三定律（周期定律）表述为：行星公转周期的平方与它们轨道半长轴的立方成正比，

则蕴涵着平方反比定律。牛顿是破解了太阳系行星绕日运动的规律，由开普勒第三定律推导出万有引力定律的。【注 6】

牛顿的智慧还在于他意识到，太阳与它的行星之间的引力，和地球对地面物体的引力是同一性质的力（即苹果从树上掉下）。但是，为了使实际测量到的地球引力（F_g）与表达式 $M_1 M_2 / R^2$ 之间划等号，必须加系数项 G 进行平衡。G 包含哪些本质性的内容，牛顿也不知道。至于 G 的值，是到了 1798 年，由 H. 卡文迪什用扭秤作实验测出来的。他通过测量扭丝的转角及扭丝的扭转刚度来测量两物体之间的引力。直到现在，G 的值只有 4 位有效数字，人们对引力系数 G 了解得仍不清楚。

本人推导的"引力公式的新结构"，另辟蹊径，走了一条不同于牛顿万有引力的推证之路。分析宇宙空间中微子等**强透射粒子**漫射转移动量和能量到相邻的两个物体的特征，探讨微观粒子与宏观物体之间的动量转移关系，新引力公式中的 G_0 有了清晰的涵义。

由于牛顿引力理论对 G 不清楚。引力公式 $F_g = G\, M_1 M_2 / R^2$ 能够提供的信息，只能表示它是超距作用力。从而留下了引力是超距作用力的历史遗憾。而超距作用，正是牛顿引力定律与狭义相对论（认为光速为速度极限）不相协调的地方。而我推导的新引力公式中的 $G_0 = \dfrac{v_b \cdot v_h \cdot c^2}{I_0 \cdot v_0 \cdot \pi \cdot \Delta t}$ 表明，引力不是超距作用力。公式中的 v_0 是某一方向上的中微子等"**强透射粒子**"传播的加权平均速度，它也是引力的传播速度。新引力公式，解决了牛顿引力是超距作用力的问题，并且没有给出"引力以光速传播"的结论。

如果科学家们在未来能够精确测量到引力传播速度的数据，它有两种可能：

（1）如果检测到，万有引力以接近中微子的速度传播，那么，应该可以相信万有引力是由以中微子为主体的强透射粒子集团军以漫射的形式造成的。

（2）如果检测到，万有引力是以大大低于中微子的速度传播的，那么，引力很有可能是由目前还没有被检测到但速度远小于中微子的其它暗物质粒子为主要力量造成的。因为预言 WIMPs 等暗物质粒子，同时预言它们的速度远小于光速。

引力问题十分棘手。牛顿所处的时代，科技发展的整体水平十分落后。牛顿万有引力定律，是科学史上伟大的里程碑。广义相对论是建立在牛顿引力定律基础上的同样是超越那个时代的重要理论。但是，一百多年之前，科技发展水平还没有为那个时代的科学家回答引力的诸多疑难问题提供必要的条件。而今天，科学技术的迅猛发展，已经为探寻引力的本源，提供了越来越多的条件和可能。

参考文献

【注 1】《真空动力学》罗恩泽著，P65《真空的万有引力学性质和结构》。上海科学普及出版社。

【注 2】《10000 个科学难题（物理学卷）》P20《牛顿反平方定律及其实验检验》。　　撰稿人：罗俊。科学出版社。

【注 3】《中微子通信技术与应用展望》王廷尧编著。P143《在研究中对于中微子获得的一些加深认识过程》。国防工业出版社。

【注 4】《新引力斥力公式的结构分析》冯振志、冯辰著。见《新引力公式的结构》篇。

【注 5】《10000 个科学难题（物理学卷）》P25-27《牛顿反平方定律及其实验检验》。撰稿人：罗俊。科学出版社。

【注 6】《10000 个科学难题（物理学卷）》P20《牛顿反平方定律及其实验检验》。撰稿人：罗俊。科学出版社。

　　本篇文稿，起草于 2014 年初。后经多次修改，于 2016 年 11 月完成。

冯振志　冯辰

引力斥力综合分析

冯振志　冯辰

摘要：强透射粒子漫射可形成"万有引力"。此外，恒星的光辐射、宇宙线辐射、中微子辐射，还可以形成斥力。本文对宇宙空间因强透射粒子漫射和恒星的粒子辐射形成的引力和斥力进行了综合分析，有利于正确认识引力和斥力。

关键词：强透射粒子漫射；光斥力，宇宙线斥力，中微子斥力。万有引力定律。

牛顿明确表示，对引力产生的原因不清楚。而爱因斯坦认为引力是因物体的质量引起周围时空弯曲产生的效应。

银河系是一个旋涡星系，据估计银河系的总质量超过太阳的 1 万亿倍，其中 90% 以上是暗的【注 1】。一些星系团中的星系平均运动速度大到足以摆脱由光度质量估算出来的引力束缚，如果没有大量的暗物质参与组成足够强大的引力束缚系统，星系团早就瓦解了。

本人另辟蹊径，对引力的研究，走了一条不同的论证之路。

一、引力（Gravition）综述：

太阳系处于银河系的一条旋臂上。这里谈论引力，可以设定银河系中段旋臂各向同性的**强透射粒子漫射**的空间环境，大致类似于太阳系的空间环境。

设两个天体（物体）b 球、h 球的质量分别为 M_b、M_h，两球质心之间的距离为 R。

本人曾在《新引力公式的结构》【注2】一文中，推导得到**强透射粒子**漫射对空间相距不太远的两个球体 b 球、h 球形成引力的公式为：

$$F_G = (\frac{v_b \cdot v_h \cdot c^2}{I_0 \cdot v_0 \cdot \pi \cdot \Delta t}) \frac{M_b \cdot M_h}{R^2} \qquad (1)$$

上式可设 G_0 为引力系数，即：

$$G_0 = \frac{v_b \cdot v_h \cdot c^2}{I_0 \cdot v_0 \cdot \pi \cdot \Delta t} \qquad (2)$$

（1）式中，I_0 表示**强透射粒子**单位时间垂直入射单位面积的相对论性能量（焦·米$^{-2}$），v_0 为**强透射粒子**传播的加权平均速度。v_b、v_h 分别是 b 球、h 球通过接受**强透射粒子**漫射转移动量，在某一方向上获得的速度因子。π 是圆周率，c 为光速。F_G 就是 b、h 球获得的**强透射粒子**漫射形成的"引力"。G_0 应该不是万有引力常数。G_0 也可写为 $G_{0(bh)}$ 或 G_{bh}。

本文的推导，均满足条件 $R \neq 0$，$I_0 \neq 0$.

二、斥力（Repulsion）综述：

在两天体（物体）之间存在引力的同时，有的情况下其中某一个或两个天体（物体）的状态比较特殊，可能存在斥力。比如，太阳等恒星存在强烈的光辐射、宇宙线辐射和中微子辐射，而地球等行星却不像太阳那样自身存在强辐射。那么，因为太阳的存在，它周围的各大行星在获得"引力"的同时，也获得了太阳的光斥力、宇宙线斥力、和中微子斥力。这种情况下，斥力就成为必须要考虑的因素。

设 b 球是恒星，S_b 为其截面积。h 球为受恒星辐射的行星（或其它天体、物质），其截面积为 S_h。b、h 球质心之间的距离仍为 R。

（一）本人在《恒星的光斥力》【注 3】一文中，推介了单一恒星的光辐射对其周围的天体（或物质）形成斥力的公式为：

$$F_{J,l} = (\frac{I_{b,l} \cdot k_{h,l} \cdot \cos L}{c \cdot \pi \cdot \Delta t}) \frac{S_b \cdot S_h}{R^2} \tag{3}$$

上式可设 $J_{b,l}$ 为 b 球的光辐射斥力系数，即

$$J_{b,l} = \frac{I_{b,l} \cdot k_{h,l} \cdot \cos L}{c \cdot \pi \cdot \Delta t} \tag{4}$$

（3）式中，设 $I_{b,l}$ 表示 b 球单位时间垂直出射其表面单位面积的光能量（焦·米$^{-2}$）。光速为 c。b 球的光辐射经过长距离辐射，对光能有所减损之后，抵达 h 球时光能的保有率为 $k_{h,l}$。

行星运行时，b 球辐射到 h 球的光能，因**恒星快速自转相对行星慢速公转的**原因，使 h 球获得的是与 R 大体平行但略偏向恒星自转方向的光辐射动量。设这个光辐射动量的矢向在行星轨道面上的投影，与 R 在行星轨道面上的投影之间的夹角为 $\angle L$。

（二）本人在《恒星的中微子斥力》**【注 4】** 一文中，推介了单一恒星的中微子辐射对其周围的天体（或物质）形成斥力的公式为：

$$F_{J.n} = \left(\frac{I_{b.n} \cdot v_{b.n} \cdot k_{h.n} \cdot \eta_{h.n} \cdot \cos N}{c^2 \cdot \pi \cdot \Delta t} \right) \frac{S_b \cdot S_h}{R^2} \qquad (5)$$

上式可设 $J_{b.n}$ 为 b 球的中微子辐射斥力系数，即

$$J_{b.n} = \frac{I_{b.n} \cdot v_{b.n} \cdot k_{h.n} \cdot \eta_{h.n} \cdot \cos N}{c^2 \cdot \pi \cdot \Delta t} \qquad (6)$$

（5）式中，设 $I_{b.n}$ 表示 b 球单位时间垂直出射其表面单位面积的中微子的相对论性能量（焦·米$^{-2}$）。$v_{b.n}$ 为 b 球垂直出射其表面的中微子的加权平均速度。$I_{b.n}$ 经过 R 距离后抵达 h 球时的综合强度在原来的基础上有所减损，其保有率为 $k_{h.n}$。$\eta_{h.n}$ 为 h 球在受到辐射后吸收中微子转移动量的有效率。

行星运行时，b 球辐射到 h 球的中微子能量，因**恒星快速自转相对行星慢速公转的**原因，使 h 球获得

的是与 R 大体平行但略偏向恒星自转方向的"中微子辐射动量"。设这个中微子辐射动量的矢向在行星轨道面上的投影，与 R 在行星轨道面上的投影之间的夹角为 $\angle N$。

（三）本人在《恒星的宇宙线斥力》【注5】一文中，推介了单一恒星的宇宙线辐射对其周围的天体（或物质）形成斥力的公式为：

$$F_{J.p} = (\frac{I_{b.p} \cdot v_{b.p} \cdot k_{h.p} \cdot \eta_{h.p} \cdot \cos P}{c^2 \cdot \pi \cdot \Delta t}) \frac{S_b \cdot S_h}{R^2} \qquad (7)$$

上式可设 $J_{b.p}$ 为 b 球的宇宙线辐射斥力系数，即

$$J_{b.p} = \frac{I_{b.p} \cdot v_{b.p} \cdot k_{h.p} \cdot \eta_{h.p} \cdot \cos P}{c^2 \cdot \pi \cdot \Delta t} \qquad (8)$$

（7）式中，设 $I_{b.p}$ 表示 b 球单位时间垂直出射其表面单位面积的宇宙线的相对论性能量（焦·米$^{-2}$）。$v_{b.p}$ 为 b 球垂直出射其表面的宇宙线的加权平均速度。$I_{b.p}$ 经过 R 距离后抵达 h 球时，其综合强度在原来的基础上有所减损，其保有率为 $k_{h.p}$。$\eta_{h.p}$ 为 h 球在受到辐射后吸收宇宙线转移动量的有效率。

行星运行时，b 球辐射到 h 球的宇宙线能量，因恒星快速自转相对行星慢速公转，以及作逆向扩散宇宙线的综合作用，使 h 球获得的是与 R 大体平行但略

偏向恒星自转方向的"宇宙线作用综合动量"。设这一"宇宙线作用综合动量"的矢向在行星轨道面上的投影，与 R 在行星轨道面上的投影之间的夹角为 $\angle P$。

（四）b 球的光斥力、中微子斥力、宇宙线斥力是可以叠加的。那么，这三种斥力叠加起来，应有：

$$F_{b.J} = F_{J.l} + F_{J.n} + F_{J.p} \qquad (9)$$

（9）式代入（3）、（5）、（7）式，可得：

$$F_{b.J} = (J_{b.l} + J_{b.n} + J_{b.p})\frac{S_b \cdot S_h}{R^2} \qquad (10)$$

本人在有关斥力的三篇文章中，专注于研究恒星。尤其是活动期的恒星，比如太阳，它们有强烈而相对稳定的光辐射、中微子辐射和宇宙线辐射。所以，（10）式，应该准确地描述了活动期恒星的三个方面的斥力。

（五）离心力（Centrifugal force）。此外，各大行星绕恒星旋转，还会产生离心力。离心力也是一种与引力相抗衡的力，可以视为另一种形式的斥力。可用符号 $F_{h.C}$ 表示。离心力公式为：

$$F_{h.C} = M_h \cdot V_h^2 / R_{oh} \qquad (11)$$

（11）式中，M_h 是绕转天体 h 球的质量，V_h 是 h 球的绕转线速度，R_{oh} 是 h 球绕 b 球旋转时与绕转质心之间的距离，也是轨迹曲率半径。

当然，离心力公式还可用 $F_{h.C} = a_c \cdot M_h$，$F_{h.C} = M_h \cdot \omega^2 \cdot R_{oh}$，或 $F_{h.C} = M_h \cdot 4\pi^2 R_{oh} / T^2$ 表示。其中，a_c 是向心加速度，ω 是角速度，T 是 h 球的旋转周期，即 h 球绕中心天体 b 球做圆周运动一周的时间。

三、恒星存在三类粒子辐射，恒星外围的行星所获得的引力和斥力是一对矛盾，力的方向相反，同时存在，不可偏废

设 b 球为恒星，h 球为绕 b 球旋转的天体。从（10）式可见，恒星 b 球的斥力为 $F_{b.J} = (J_{b.l} + J_{b.n} + J_{b.p})S_b \cdot S_h / R^2$；再加上 h 球的离心力 $F_{h.C}$。那么，因为 b 球的存在，绕 b 球旋转的 h 球所受到的全部引力、斥力之和 $F_{h.\Sigma}$ 为：

$$F_{h.\Sigma} = F_G - F_{b.J} - F_{h.C} \qquad (12)$$

将（1）、（10）、（11）式代入（12）式，有：

$$F_{h.\Sigma} = G_0 \frac{M_b \cdot M_h}{R^2} - (J_{b.l} + J_{b.n} + J_{b.p})\frac{S_b \cdot S_h}{R^2} - \frac{M_h \cdot V_h^2}{R_{oh}} \qquad (13)$$

（13）式，就是绕 b 球旋转的行星获得的全部引力和斥力。

对于某恒星系来说，如果大多数行星所获得的全部引力和斥力 $F_G - F_{b.J} - F_{h.C} = 0$，则可认为该恒星系的运行是稳定的，或处于稳定期。恒星很多，处于稳定期的恒星系应该能够找到。

如果大多数行星所获得的全部引力和斥力 $F_G - F_{b.J} - F_{h.C} < 0$，则可认为该恒星系的运行是膨胀状态，或处于膨胀期。估计大多数核反应早期或中早期的恒星系可能处于膨胀期。

如果大多数行星所获得的全部引力和斥力 $F_G - F_{b.J} - F_{h.C} > 0$，则可认为该恒星系的运行是收缩状态，或处于收缩期。中子星、白矮星是恒星末期的一种特殊状态。中子星、白矮星，由于辐射减少，斥力减弱，通常情况下斥力估计很难对抗引力，处于收缩期的概率比较大。

四、恒星引力、斥力并存的观察实例

彗星从太阳身边飞过，用它长长的彗尾，向我们展示太阳辐射压的重要作用。早在十七世纪初，J.开普勒就有先见之明地指出，是太阳的光辐射压，才使彗尾得以形成并背着太阳【注6】。

彗星在离太阳约 2 个天文单位时，开始出现彗尾。大彗星尾巴最长时有10^8千米长。彗星的彗尾，可以分为尘埃尾和离子尾两类。尘埃尾的主要成分是尘埃，大小为十分之几微米到上百微米，受太阳辐射压力的推斥作用，向与太阳相反的方向延伸，因反射阳光而发亮，偏黄色。因同时受轨道运动惯性力的影响，表现为弯曲的形状。

离子尾由CO、H_2O、OH、CN等分子的离子组成，主要受太阳辐射压和太阳风的双重作用，压向背着太阳的一面，因气体的荧光辐射而发亮，偏蓝绿色，比尘埃尾直。通常情况下，许多彗星同时出现一直一弯两条彗尾。离太阳越近，彗尾越长、越亮。过近日点后又随着远离太阳，逐渐减小直到消失。大彗星的尾巴最长时有上亿千米长【注7】。

两条彗尾告诉我们，太阳风的三类辐射压对周围天体或物质有一定的斥力作用。这是无容置疑的。事实上，所有的像太阳一样处于热核反应期的恒星，几乎都有很强的辐射，对外形成一定的辐射斥力。

并且，辐射斥力有叠加效应，光斥力可与中微子斥力、宇宙线斥力等叠加起作用。

五、关于"引力子"

通常说的"引力子"，是将量子理论引入广义相对论出现的玻色子，自旋量子数为2，静质量和电荷为0，以光速运动。迄今在粒子物理学实验中，尚未发现引力子【注8】。

我们通常感知到的引力，按照习惯，可称为"万有引力"。对新引力公式来说，真正能够形成万有引力的"引力子"，是宇宙空间数密度很高的**强透射粒子**。中微子的数密度很高，可以说，中微子是"引力子"的最重要的代表。是否还有其它的有足够数密度的**强透射粒子**充当"引力子"的角色，为引力的形成提供免费服务，还需要科学工作者们进一步探寻。

参考文献

【注 1】《中国大百科全书·物理学（第二版）》P8《暗物质》。中国大百科全书出版社。

【注 2】《新引力斥力公式的结构分析》，冯振志、冯辰著。见《新引力公式的结构》篇。

【注 3】《新引力斥力公式的结构分析》，冯振志、冯辰著。见《恒星的光斥力》篇。

【注 4】《新引力斥力公式的结构分析》，冯振志、冯辰著。见《恒星的中微子斥力》篇。

【注 5】《新引力斥力公式的结构分析》，冯振志、冯辰著。见《恒星的宇宙线斥力》篇。

【注 6】《中国大百科全书·物理学（第二版）》P202《光压》篇。中国大百科全书出版社。

【注 7】《天文学新概论》（第四版）苏宜编著。P125-126，"彗星"部分。科学出版社。

【注 8】《中国大百科全书·物理学》（第二版）P496，《引力子》篇。

本篇文稿起草于 2015 年初。后经多次修改，于 2017 年 1 月完成。

天体辐射强弱决定 G 值不是常数

冯振志　冯辰

摘要：恒星的引力和斥力，是一对矛盾。这导致了恒星对其外围天体的合力，与行星对其外围天体的合力的构成要素是不一样的。这一结论，至少导致恒星、行星等天体，运用牛顿引力公式时，"常数 G 值"项其实不应为常数。

关键词：引力，斥力，G 值不为常数。

引力理论是天体力学、地球物理、宇宙学和宇航学等学科的基础理论，但是关于引力理论的许多基本问题却至今没有被阐明。

学界根据大量天文观测，并按现有引力理论估算，宇宙中暗物质的质量远超过恒星和星系等可见物质的质量，宇宙中只有 4.6% 是我们可见的普通物质，22.8% 是暗物质。而暗物质中，现在估计中微子只占一部分。并认为，暗物质是产生引力的主体，对星系形成和宇宙演化等方面有重大影响【注1】。当然，对暗物质的估计，主要是建立在开普勒定律、牛顿万有引力理论和广义相对论的基础之上。如果引力理论得到修正，对暗物质的估算值应该会有变化。

本人另辟蹊径，从寻找引力的肇事者、探索引力的行为模式入手，走了一条不同的论证之路。

一、恒星外围的行星所获得的引力和斥力是一对矛盾，力的方向相反，它们同时存在，不可偏废。

设 b 球为恒星，h 球为绕 b 球旋转的行星。由于恒星有辐射，存在光斥力、中微子斥力和宇宙线斥力，笔者在《引力斥力综合分析》一文中，推导得到了以下公式：

关于对 b、h 球的设置，详见《引力斥力综合分析》一文。恒星 b 球的斥力对其外围的 h 球的斥力为 $F_{b.J}=(J_{b.l}+J_{b.n}+J_{b.p})S_b\cdot S_h/R^2$；再加上 h 球的绕转离心力 $F_{h.C}$。那么，因为 b 球的存在，绕 b 球旋转的 h 球所受到的全部引力、斥力之和为 $F_{h.\Sigma}=F_G-F_{b.J}-F_{h.C}$，即：

$$F_{h.\Sigma}=G_0\frac{M_b\cdot M_h}{R^2}-(J_{b.l}+J_{b.n}+J_{b.p})\frac{S_b\cdot S_h}{R^2}-\frac{M_h\cdot V_h^2}{R_{oh}} \qquad (1)$$

【注 2】

（1）式，就是绕 b 球旋转的行星获得的全部引力和斥力。

二、单个恒星系统内，没有一个普适的引力常数

如果设 b 球的密度为 ρ_b，半径为 r_b，$4\pi r_b^3\cdot\rho_b/3=M_b$；设 h 球的密度为 ρ_h，半径为 r_h，$4\pi r_h^3\cdot\rho_h/3=M_h$。那么，$S_b=3M_b/4r_b\rho_b$，$S_h=3M_h/4r_h\rho_h$。即 $S_b\cdot S_h=(9/16r_b\rho_b\cdot r_h\rho_h)\cdot M_b\cdot M_h$。设 $\mu=9/16r_b\rho_b\cdot r_h\rho_h$，那么，将 $S_b\cdot S_h=\mu\cdot M_b\cdot M_h$ 代入（1）式，化简可得：

$$F_{h.\Sigma}=[G_0-\mu(J_{b.l}+J_{b.n}+J_{b.p})]\frac{M_b\cdot M_h}{R^2}-\frac{M_h\cdot V_h^2}{R_{oh}} \qquad (2)$$

（2）式，可视为恒星系内相邻两天体（物体）之间，引力斥力的通用公式。只不过在不同的情况下，有些项的条件不成立或者太过微弱，可以忽略罢了。比如，行星绕恒星旋转，有离心力，所以，$M_h \cdot V_h^2 / R_{oh}$ 项成立。但是，地面上测试 G_0 的两铅球，没有绕转问题，$M_h \cdot V_h^2 / R_{oh}$ 项就不成立。还有，恒星有斥力问题，而地面上测试 G_0 的两铅球在常温下工作，没有斥力问题，那么，$\mu(J_{b.l} + J_{b.n} + J_{b.p})M_b M_h / R^2$ 项就不成立。

太阳有很强的光辐射、中微子辐射和宇宙线辐射，这在既有引力理论中是没有考虑的因素。

这里回顾一下万有引力理论，如果 b 球是恒星，h 球是其绕转行星，牛顿理论对 b、h 球采用的处理方法通常是：

$$F_{h.\Sigma} = G \frac{M_b M_h}{R^2} - \frac{M_h \cdot V_h^2}{R_{oh}} \tag{3}$$

（2）式减（3）式，化简得：

$$G = G_0 - \mu(J_{b.l} + J_{b.n} + J_{b.p}) \tag{4}$$

在太阳系范围内，可依据（4）式分析一下：

（一）众所周知，G_0 值是在地面的实验室里测得的。也就是说，两个铅球之间的引力系数是 G_0，由于两铅球之间不存在光辐射、中微子辐射和宇宙线辐射，所以 $\mu(J_{b.l}+J_{b.n}+J_{b.p})=0$ ，即： $G=G_0$.

（二）地球与地面的物体之间，地球与月球之间，不存在值得计算的光辐射和中微子辐射，也不存在宇宙线辐射，也应是 $G=G_0$.

（三）可是，太阳与它周围的行星则不一样。由于太阳存在光辐射、中微子辐射和宇宙线辐射，$\mu(J_{b.l}+J_{b.n}+J_{b.p})\neq 0$ ，所以 $G\neq G_0$ ，而是

$$G=G_0-\mu(J_{b.l}+J_{b.n}+J_{b.p}).$$

因为太阳的存在，各大行星获得的引力比斥力可能大十几个数量级。但是，引力值主要靠绕转天体的旋转形成的离心力平衡掉。在粗略计算中，$\mu(J_{b.l}+J_{b.n}+J_{b.p})$ 项如果忽略不计，对计算结果不会产生大的影响。但是，在某些精细计算中，如果忽略 $\mu(J_{b.l}+J_{b.n}+J_{b.p})$ 项，就会出现观测数据与理论测算不相吻合的情况。尤其是在微重力环境下，对某些质量偏小的在太空运行的物体（比如航天探测器）进行观测时，关注 $\mu(J_{b.l}+J_{b.n}+J_{b.p})$ 项，更容易理解观测数据所对应的真实的太空环境。

三、牛顿万有引力定律，是一个模糊引力理论

肯定会有人对我推导的新引力公式提出质疑！我的妻子赵慧利就是第一个质疑我的人。她很朴素地认为：航天器都在造访太阳系的各大行星，宇航员都登上了月球，都没事儿。你能说牛顿万有引力理论错了？

专家们可能会拿出万有引力定律在太阳系已得到几乎是接近精确检验的证据来反驳我。例如，他们可能会说，科学工作者利用雷达测距方法，已精确测量出水星、金星、火星和木星等的轨道参数。雷达测距数据加之通常天文观测到的轨道周期数据，不仅验证了开普勒定律，而且检验了牛顿引力定律的正确性。并且，牛顿反平方定律（$1/R^2$）在实验室也得到了厘米级的检验。

（一）我们可用（2）式来分析，在太阳与其行星之间，大体上按 $F_{h.\Sigma}=0$ 处理，即：

$$M_h(V_h^2/R_{oh})=[G_0-\mu(J_{b.l}+J_{b.n}+J_{b.p})]\frac{M_b \cdot M_h}{R^2} \qquad (5)$$

$M_h(V_h^2/R_{oh})$ 是行星运行的惯性离心力，正好存在 $M_h(V_h^2/R_{oh}) \propto M_b M_h/R^2$ 这一关系。

如果把太阳系的行星比作太阳的苹果，那么，依据（5）式，太阳与其苹果们之间的 G 值，显然为：

$$G = G_0 - \mu(J_{b.l} + J_{b.n} + J_{b.p})\qquad(6)$$

（二）而在地面实验室中，在被测物体与地球之间，存在 $F_{h.\Sigma} = M_h \cdot g_h$，由于地球不存在辐射斥力，即有：

$$M_h \cdot g_h = G_0 \frac{M_b \cdot M_h}{R^2} - \frac{M_h \cdot 4\pi^2 R \cdot \cos^2\theta}{T^2}$$

$M_h \cdot 4\pi^2 R \cdot \cos^2\theta / T^2$ 项是地面物体随同地面一起旋转的离心力。R 表示海拔为 0 米时被测物距地球质心的距离，θ 是指纬度，T 为地球旋转周期。那么：

$$M_h \cdot (g_h + 4\pi^2 R \cos^2\theta / T^2) = G_0 \frac{M_b \cdot M_h}{R^2}\qquad(7)$$

又是存在 $M_h \cdot (g_h + 4\pi^2 R \cos^2\theta / T^2) \propto M_b \cdot M_h / R^2$ 这一关系。

如果把地面的物体都比作地球的苹果，那么，依据（7）式，地球与其苹果们之间的 G 值，显然为：

$$G = G_0\qquad(8)$$

尽管在太阳系行星的运行中和在地面实验室的实验中，检验到引力现象与 $M_b \cdot M_h / R^2$ 这一关系的存在。

但是，从（6）、（8）式就能看出，太阳的苹果与地球的苹果，享受着不同的 G 值待遇。

原来，"引力系数 G 为常数"，只是我们最初的一个假设。虽然从来没有经过实验证实，但是随着时间的流逝，以及所谓太阳系行星运行规律和地面实验室各种检验的"成功"，后来我们习以为常地把它当做不容置疑的公理在应用了。

但遗憾的是，牛顿万有引力公式中的 G 值，绝不是常数。太阳的彗星们已经用它们的两条长长的彗尾，把证据写在了天上。因此，牛顿万有引力定律只能是一个模糊的引力理论。

四、在双星系统内，更没有一个普适的引力常数

在天文观测中，发现大量的双星系统，也就是两颗恒星相互绕转的系统。双星系统不像单恒星与其外围行星的关系那么简单。由于两颗恒星在相互绕转，它们往往是围绕其共同的质心在旋转。设 h 球、b 球距共同质心的距离分别为 R_{oh}、R_{ob}.那么，R_{oh}、R_{ob} 与其旋转线速度和离心力相关。但是，两球质心之间的距离 R，则仍然与两球之间的引力、斥力相关。且有

$$R = R_{oh} + R_{ob}.$$

如果 b、h 球同为恒星，那么，参照（1）式的推证过程，可得：

（一）绕两球共同质心旋转的 h 球所受到的全部引力、斥力、离心力之和为：

$$F_{h.\Sigma} = G_0 \frac{M_b \cdot M_h}{R^2} - (J_{b.l} + J_{b.n} + J_{b.p}) \frac{S_b \cdot S_h}{R^2} - \frac{M_h \cdot V_h^2}{R_{oh}} \tag{9}$$

h 球所受到的全部引力、斥力、离心力之和，依然有 $F_G - F_{b.J} - F_{h.C} = 0$ ， $F_G - F_{b.J} - F_{h.C} < 0$ ， $F_G - F_{b.J} - F_{h.C} > 0$ 三种状态，这可参考《引力斥力综合分析》一文第"三"节对 h 球的分析。

（二）绕两球共同质心旋转的 b 球所受到的全部引力、斥力、离心力之和为：

$$F_{b.\Sigma} = G_0 \frac{M_b \cdot M_h}{R^2} - (J_{h.l} + J_{h.n} + J_{h.p}) \frac{S_b \cdot S_h}{R^2} - \frac{M_b \cdot V_b^2}{R_{ob}} \tag{10}$$

b 球所受到的全部引力、斥力、离心力之和，依然有 $F_G - F_{h.J} - F_{b.C} = 0$ ， $F_G - F_{h.J} - F_{b.C} < 0$ ， $F_G - F_{h.J} - F_{b.C} > 0$ 三种状态，这也可以参考《引力斥力综合分析》一文第"三"节对 h 球的分析。

如果将 $S_b \cdot S_h = \mu \cdot M_b \cdot M_h$ 分别代入（9）、（10）式，可得

$$F_{h.\Sigma} = [G_0 - \mu(J_{b.l} + J_{b.n} + J_{b.p})]\frac{M_b \cdot M_h}{R^2} - \frac{M_h \cdot V_h^2}{R_{oh}} \qquad (11)$$

$$F_{b.\Sigma} = [G_0 - \mu(J_{h.l} + J_{h.n} + J_{h.p})]\frac{M_b \cdot M_h}{R^2} - \frac{M_b \cdot V_b^2}{R_{ob}} \qquad (12)$$

按照牛顿引力理论的传统做法处理，设在 $F_{h.\Sigma} = 0$、$F_{b.\Sigma} = 0$ 的情况下，依据（11）、（12）式分别有

$$G_{(h)} = G_0 - \mu(J_{b.l} + J_{b.n} + J_{b.p}) \qquad (13)$$

$$G_{(b)} = G_0 - \mu(J_{h.l} + J_{h.n} + J_{h.p}) \qquad (14)$$

在绝大多数情况下，b、h 两颗恒星的斥力系数不会相同，即：

$$(J_{b.l} + J_{b.n} + J_{b.p}) \neq (J_{h.l} + J_{h.n} + J_{h.p}) \qquad (15)$$

因此 $\qquad G_{(h)} \neq G_{(b)}$ $\qquad\qquad\qquad (16)$

由（13）、（14）、（16）式可见，对双星系统而言，也没有一个普适的引力常数。

（三）太空中的双星系统很多。不同的双星系统，两颗恒星之间到底有怎样的关系，情况则比较复杂：

2003 年，有一项重大的发现，有一对脉冲星的轨道相互交错。两者间的距离仅有 80 万千米，相互围绕的运行周期只有 2.4 小时。每天，两颗脉冲星间的距离会缩小 7 毫米【注 3】。这一观察结果，应是双星系统引力大于斥力的一个很好案例。即：在 $F_G - F_{b.J} - F_{h.C} > 0$ 的情况下，$F_G - F_{h.J} - F_{b.C} > 0$ 的情况可能同时存在。

再有，科学家对 X 射线源进行搜寻研究，发现天鹅座 X-1 有一颗编号为"HDE226868"的高温蓝色超巨星，它的附近还有一颗看不见的伴星，不断窃取它的物质，并成为强大的 X 射线源【注 4】。依观测数据来看，看不见的伴星可能是 $F_G - F_{b.J} - F_{h.C} > 0$ 型的天体（可能是中子星）；而蓝色超巨星可能是 $F_G - F_{h.J} - F_{b.C} \leq 0$ 型的恒星。高温蓝色超巨星由于辐射强，产生的斥力大，它与看不见伴星之间的距离是保持恒定，越来越远，还是越来越近，就取决于两颗恒星之间的引力、斥力和离心力，是否能够综合平衡了。

可见，不只是传统引力理论讨论的引力和离心力，还有三种斥力，它们才是两颗星球之间，形形色色的运转规律的始作俑者。

五、不管导致"引力"形成的本质到底是什么，牛顿引力公式中的"常数G值"项都不可能是常数

尽管既有的引力理论，没有明确给出引力的本质是什么。但是，既有引力理论把物质质量始终摆在最核心的位置，使普通科学工作者甚至不少专家几乎默认：物质质量有形成引力的固有特性。我暂且把既有引力理论导致的这种习惯用法称为"**引力质量本源说**"。

而"引力公式的结构"则揭示，引力是由宇宙空间的强透射粒子漫射作用于两天体（物体）之间形成的。这种新观点，相对于"引力质量本源说"而言，可暂时称为"**引力强透射粒子起源说**"。

依据测量方法看，我们使用的引力系数G_0值 $[6.67428\times10^{-11}$ 米^3 ／（千克·秒$^{-1}$）]，无论它是因"引力质量本源说"形成的，还是因"引力强透射粒子起源说"形成的，但它毕竟是在地球表面上测得的。可以按照条件近似的原理，把G_0值推广到太阳系的行星与行星之间、行星与行星表面的物体之间、行星与其卫星之间进行引力计算。

但是，不管这两种引力起源观点，哪一种最终被未来的世界物理学界接受，太阳等恒星对于其外围天

体的引力与斥力之和，与行星对于其外围天体的引力与斥力之和，是绝对不一样的。这种不一样，是因为太阳有强辐射形成的斥力，而行星等天体不存在强辐射形成的斥力。这种差别，与引力是怎样起源的观点，没有直接关系。也就是说，牛顿引力公式中的 G 值项 $[G = G_0 - \mu(J_{b.l} + J_{b.n} + J_{b.p})]$，在实际的太空环境中绝不可能是常数。

由此可以得出结论，牛顿万有引力公式（$F = G \cdot M_b \cdot M_h / R^2$）中的 G 值，仅仅在太阳系内，就可以确证，它不可能是常数。推而广之，在所有的恒星系内，G 值都不可能是常数。

六、宇宙中更不可能存在一个引力常数 G 值

（一）现在广泛使用的 G_0 值 $[6.67428 \times 10^{-11}$ 米 $^3 /$（千克·秒 $^{-1}$）]，根据测试条件，只能算是地面 G_0 值，连地心 G 值都不能算。假如我们有条件到地球极深处尽可能接近地心的地方做测 G 试验，我以自己对"新引力公式"的理解进行推测，所测得的 G 值，一定会小于现有的 G_0 值。

（二）现用 G_0 值，连一个恒星系内的 G 值都不能代表，那么，把它强行应用于星系计算、应用于浩瀚宇宙的计算，造成不准确的计算结果是必然的。

依照我推导的新引力公式来看，宇宙中不同的空间环境，甚至宇宙处于不同的时期，引力的大小会因宇宙空间环境中各向同性的**强透射粒子漫射**的能量强弱、透射特性等而存在比较大的差异。也就是说，即使两物体的质量大小一样，两质心的距离一样，但该两物体所处的空间环境中各向同性的**强透射粒子漫射**的能量强弱、透射特性不一样，其引力系数就会不一样。

综合以上所述，在恒星与其外围天体之间，以及在银河系之外的宇宙其它地方，牛顿引力公式中的 G 值为常数，是一个未经证实的假设。它既没有理论依据，也没有实测依据。

牛顿引力理论中的"常数 G 值"项不为常数，这让广义相对论的基石有所动摇。因为广义相对论的方程（$G_{\mu\nu} = \dfrac{8\pi G}{c^4} T_{\mu\nu}$）中的 G，就是从牛顿万有引力定律中引出的"常数"。

七、航空航天成就的取得，不完全归功于既有引力理论

目前，我们正把引力系数G值当做普适常数，在物理学、天文学、宇宙学等领域大范围地使用。许多航空航天成就的取得，就是建立在G值为常数的基础上的。我们满以为既有引力理论是正确的。只是到了出现星系旋转曲线不能解释时，我们不知道问题出在哪儿，还在按照既有理论寻找短缺的"暗物质"。其实，航天探测器飞行数据异常、引力屏蔽现象、地球固体潮和海洋潮差的理论值与观测值之间偏差大等一系列的引力异常现象，早就提示我们：既有引力理论可能有问题。

可是，依靠"引力常数G"在航空航天领域取得了骄人的成就。这其中的道理到底是什么呢？

事实上，既有引力理论不仅在系数G值是否为常数方面出了错，而且在其它方面，也出现了的错误。尽管依靠既有引力理论取得了一些成就，但这并不表示既有引力理论就一定是完全正确的。

到底，在引力理论方面，我们还出了怎样的错误。这一点，笔者早已找到答案。读者如果有兴趣，

请继续关注作者在引力斥力问题研究方面的另一著作《新引力斥力公式的结构分析》。

参考文献

【注 1】《天文学新概论》（第四版）苏宜编著。P393，《21 世纪的第一朵乌云——暗物质》。科学出版社。

【注 2】见本书《引力斥力综合分析》一文。

【注 3】《影响宇宙学发展的 20 个大问题》P69《引力究竟是不是一种力》。人民邮电出版社。

【注 4】《天文学新概论》（第四版）苏宜编著 P321-322，《黑洞的天文探测》。

本篇文稿起草于 2015 年初。后经多次修改，于 2017 年 3 月完成。

冯振志简介

冯振志（Zhenzhi Feng），现为国家一级导演、电影编剧、科普作家。1983 年以来，以饱满的激情，长期从事科普工作。近十年来，热衷于万有引力理论的研究工作。

1983-1988 年，作者曾在中国农业部农业出版社任编辑、记者。

1988 至今，在中国国家广播电影电视总局下属北京科学教育电影制片厂工作，任导演、编剧。近 30 年来，一直从事科教影视的创作及创作管理工作，历任编辑室副主任、主任、科影厂编委会编委、节目总监等职。指导过大量影视节目的创作，并有多部次获得过国际国内的重大奖项。

1996 年，作者编剧并导演的科普影片《种子正传》，获得中国电影华表奖"优秀科教片奖"、中国电影金鸡奖"最佳科教片奖"，获得国家科委、国防科工委、中国科学院等五部委联合颁发的"优秀成果奖贰等奖"。该片还获得伊朗国际教育电影节"金书本奖"等国际奖项。

2007 年，作者作为导演和第一编剧，创作的故事影片《隐形的翅膀》，荣获国际国内多个重大奖项：第 17 届中国金鸡百花电影节百花奖"优秀故事片奖"，第 12 届中国电影华表奖"优秀少儿童牛影片奖"，中宣部"五个一工程奖"；第 15 届印度国际儿童电影节"金象奖"，美国好莱坞第 14 届国际家庭电影节"最高荣誉奖—精神奖"。

2010 年至今，作者用了近八年时间致力于引力和斥力的理论研究。2013 年，推导出了"引力公式的新结构"。随后，作者从引力和斥力综合起作用的角度，尝试解读现实中碰到的一些引力异常现象，尤其是解读既有引力理论遗留的 G 值是否为常数、引力屏蔽效应、黑洞是否存在、星系旋转曲线异常等问题。撰写和指导撰写了二十多篇共三十余万字的有一定学术价值的论文。并在宇宙学方面有深刻思考。

作者联系方式：
Email：2447619707@qq.com

太阳的苹果——"引力常数 G "不为常数的推证

Apple Of The Sun—The Argument For The Universal Gravitational 'Constant' Not Being Constant

作　者/冯振志（Zhenzhi Feng）、冯辰（Chen Feng）

出版者/美商 EHGBooks 微出版公司

发行者/美商汉世纪数位文化集团

中国学人出版网：http://www.3cbooks.cn

总代理/厦门外图集团有限公司、华威图书策划有限公司

地　　址/厦门市湖里区悦华路 8 号外图物流大厦 4 楼

台湾书店购书专线/0592-5061658、6028707

印　　刷/汉世纪古腾堡®数字出版 POD 云端科技

出版日期/2018 年 6 月

总经销/Amazon.com

台湾销售网/三民网络书店：http://www.sanmin.com.tw

　　　　三民书局复北店

　　　　地址/104 台北市复兴北路 386 号

　　　　电话/02-2500-6600

　　　　三民书局重南店

　　　　地址/100 台北市重庆南路一段 61 号

　　　　电话/02-2361-7511

　　　　全省金石网络书店：http://www.kingstone.com.tw

定　　价/新台币 300 元（美金 10 元 / 人民币 75 元）